BEI GRIN MACHT SICH IHR
WISSEN BEZAHLT

- Wir veröffentlichen Ihre Hausarbeit,
  Bachelor- und Masterarbeit

- Ihr eigenes eBook und Buch -
  weltweit in allen wichtigen Shops

- Verdienen Sie an jedem Verkauf

Jetzt bei www.GRIN.com hochladen
und kostenlos publizieren

Marcel Demuth

Das Neoklassische Wachstumsmodell und seine Erweiterung durch die endogene Wachstumstheorie

GRIN Verlag

Bibliografische Information der Deutschen Nationalbibliothek:

Die Deutsche Bibliothek verzeichnet diese Publikation in der Deutschen National-
bibliografie; detaillierte bibliografische Daten sind im Internet über http://dnb.d-
nb.de/ abrufbar.

Impressum:

Copyright © 2010 GRIN Verlag, Open Publishing GmbH
Druck und Bindung: Books on Demand GmbH, Norderstedt Germany
ISBN: 978-3-640-74059-8

Dieses Buch bei GRIN:

http://www.grin.com/de/e-book/160714/das-neoklassische-wachstumsmodell-und-
seine-erweiterung-durch-die-endogene

GRIN - Your knowledge has value

Der GRIN Verlag publiziert seit 1998 wissenschaftliche Arbeiten von Studenten, Hochschullehrern und anderen Akademikern als eBook und gedrucktes Buch. Die Verlagswebsite www.grin.com ist die ideale Plattform zur Veröffentlichung von Hausarbeiten, Abschlussarbeiten, wissenschaftlichen Aufsätzen, Dissertationen und Fachbüchern.

Besuchen Sie uns im Internet:

http://www.grin.com/

http://www.facebook.com/grincom

http://www.twitter.com/grin_com

Das Neoklassische Wachstumsmodell und

seine Erweiterung durch die endogene Wachstums-

theorie

Marcel Demuth

Master International Area Studies

2. Fachsemester

Veranstaltung: Seminar Stadt- und Regionalökonomik

Sommersemester 2010

Datum: 14.07.2010

Inhaltsverzeichnis

Abbildungsverzeichnis

Einleitung

Nicht erst seit dem Beginn der Globalisierung und dem damit verbundenen Bedeutungsverlust auf nationalstaatlicher Ebene haben Theorien, welche sich der Analyse des regionalen Wirtschaftswachstums widmen, an Relevanz gewonnen. Theoretische Ansätze, die sich mit dem ökonomischen Wachstum auseinandersetzen, bestehen bereits seit Ende des 17. Jahrhunderts. Allerdings etablierten sich erst nach Ende des Zweiten Weltkrieges die modernen wachstumstheoretischen Konzepte (FRENKEL/HEMMER 1999, S. 9).

Ein Beispiel für eine solch moderne Herangehensweise stellt die neoklassische Wachstumstheorie dar. In der vorliegenden soll zunächst auf das bedeutendste Modell der Neoklassik, das neoklassische Grundmodell nach Solow, eingegangen werden. Im Anschluss wird erörtert, wie dessen grundlegende Struktur auf Fragestellungen der Regionalökonomik übertragen werden können. Anschließend werden zusätzlich deutlich jüngere Ansätze dargelegt, welche unter dem Begriff „endogene Wachstumstheorien" zusammengefasst werden. Beide Theorieansätze werden jeweils mit einer kritische Reflexion und einem abschließenden Fazit betrachtet.

1 Die neoklassische Wachstumstheorie

Die neoklassische Wachstumstheorie stellt die zentrale Theorie zur Analyse ökonomischer Entwicklungen dar, deren Ursprung in der klassischen Nationalökonomie des 18. Jahrhunderts liegt. Allgemein handelt es sich bei der neoklassischen Wachstumstheorie um ein Konzept dieser Theoriefamilie. Der wohl wichtigste Beitrag stammt von Robert M. Solow aus dem Jahr 1956, der in seinem Aufsatz „A Contribution to the Theory of Economic Growth" ein Modell zur Analyse langfristiger Entwicklung veröffentlichte. Der Beschreibung der Grundannahmen vorweggenommen, geht Solow hier von einer geschlossenen Volkswirtschaft aus. Somit ist das Grundmodell für wirtschaftsgeographische Fragestellungen zunächst unbrauchbar, da es keine regionalen Aussagen zulässt (KOTSCHATZKY 2001, S. 63). Erst über eine Interpretation der theoretischen Konzeptionen auf die regionale Ebene, infolgedessen von der neoklassischen regionalen Wachstumstheorie gesprochen wird, ist das Modell aus geographischer Sicht anwendbar (BATHELT/GLÜCKLER 2003, S. 67; MAIER et al. 2006, S. 56; KULKE 2009, S. 277).

Die neoklassische Theorie stellt eine so genannte Konvergenztheorie dar, da von einem allgemeinen Gleichgewichtsstand der Märkte ausgegangen wird. Im Falle einer Abweichung vom Gleichgewicht kommt es automatisch zum Wirken eines Marktmechanismus. Impliziert auf die regionale Ebene folgt daraus, dass Entwicklungsunterschiede zwischen Regionen langfristig ausgeglichen werden. Diese Entwicklungsunterschiede beruhen hierbei auf der unterschiedlichen Ausstattung der Regionen mit Produktionsfaktoren, infolgedessen sich deren Preise verändern und damit den Wirtschaftsakteuren ein Signal für nutzenmaximierende Handlungen (Investitionen, Verlagerung von Produktionsfaktoren, Handel) gibt. Dieser Mechanismus beschreibt den Grundgedanken des neoklassischen Theoriegebäudes (BATHELT/GLÜCKLER 2003, S. 67; HAAS/NEUMAIR 2008, S. 60; KULKE 2009, S. 277).

1.1 Das Grundmodell (Ein-Regionen-Modell)

Solow versucht mit seinem Grundmodell eine zentrale Frage, welche von den älteren Wachstumstheorien bis dato unbeantwortet blieb, zu klären: Welche Faktoren sind entscheidend für ökonomisches Wachstum? (FRENKEL/HEMMER 1999, S. 27). In der Realität gibt es eine Vielzahl von Determinanten, die in diesem Prozess eine Rolle spielen[1]. Allerdings lassen sich diese in ihrer Komplexität nicht in ein einziges Modell integrieren. Daher baut das Grundmodell auf mehreren Annahmen[2] auf, wodurch zum einen nur die für Solow wichtigsten Faktoren im Modell zum Tragen kommen und zum anderen den beschriebenen Ausgleichsmechanismus erst ermöglichen.

Eine der zentralen Annahmen besteht im gewinnmaximierenden Verhalten der Wirtschaftsakteure. Damit wird gewährleistet, dass die Wirtschaftssubjekte tatsächlich jede Möglichkeit zur Nutzenmaximierung wahrnehmen. Unterstützt wird dies durch die Implikation des perfekten Informationsstandes der wirtschaftenden Einheiten, vor allem bezüglich der Preisentwicklung, wodurch sichergestellt wird, dass jede Möglichkeit zum gewinnsteigernden Handeln ausnahmslos erkannt wird (BATHELT/GLÜCKLER 2003, S. 67f; MAIER et al. 2006, S. 55). Eine weitere Vereinfachung bezieht sich auf den Produktionsfaktor Arbeit. Mit der Annahme von Vollbeschäftigung wird sichergestellt, dass jederzeit ausreichend Arbeitskräfte vorhanden sind (SOLOW 1956, S. 67). Zudem herrscht in dem solowischen Modell vollkommene Konkurrenz auf allen Märkten. Damit wird ausgeschlossen, dass Akteure partikular die Preishöhe beeinflussen. Nur die Ausstattung an Produktionsfaktoren wirkt auf die Preise aus (HAAS/NEUMAIR 2008, S. 60). Zusätzlich werden alle Preise als flexibel angesehen, d.h. dass jede Knappheit bezüglich Arbeit oder Kapital unmittelbar eine Preisänderung zur Folge hat (MAIER et al. 2006, S. 55). Darüber hinaus legt Solow fest, dass die Produktionsfaktoren nach ihrem Grenzprodukt entlohnt werden, d.h. dass die Entlohnung (Arbeitslohn bzw. Kapitalzins) jeder zusätzlichen Produktionseinheit genau dem Wert der Produktionsmenge, welche die vorherige Produktionseinheit erwirtschaftet hat, entspricht (BATHELT/GLÜCKLER 2003, S. 67f; SOLOW 1956, S. 67f). Zusätzlich beschränkt sich das Grundmodell auf die Beschreibung einer geschlossenen Region, wodurch keinerlei Austausch von Gütern oder Produktionsfaktoren stattfindet (MAIER et al. 2006, S. 75).

Als Ausgangspunkt verwendet Solow eine aggregierte Produktionsfunktion

(1) $\qquad\qquad\qquad Y = F(K, L),$

---

[1] U.a. hat Schätzl hierfür eine ausführliche Übersicht erstellt (SCHÄTZL 2003, S. 103 Abb. 2.23), welche die Komplexität der Zusammenhänge regionalen Wachstums verdeutlicht.
[2] Maier et al. weisen darauf hin, dass es sich bei diesen Annahmen um die „Lehrbuchversion der neoklassischen Theorie" handelt. Innerhalb der diesbezüglichen wissenschaftlichen Literatur wurde versucht, einzelne dieser Annahmen abzuschwächen bzw. völlig aus dem Theoriegebäude zu entfernen (MAIER et al. 2006, S. 55).

die angibt, welche maximale Output-Menge (Y) mit den zur Verfügung stehenden Produktionsfaktoren Arbeit (L) und Kapital (K) produziert werden kann. Solow greift hierbei auf die so genannte Cobb-Douglas-Produktionsfunktion zurück (CHRISTIAANS 2004, S. 11f) (vgl. Abb. 1).

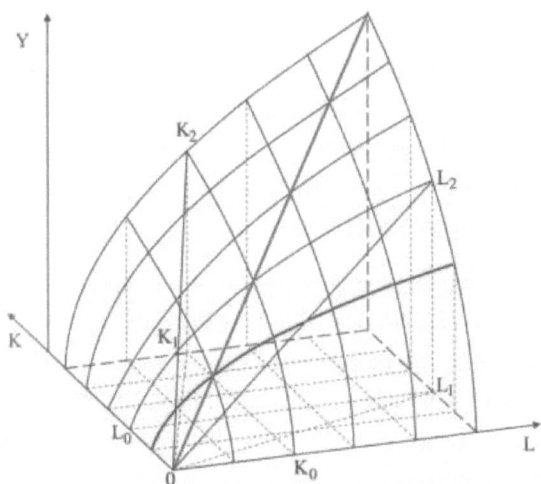

Abbildung 1: Cobb-Douglas Produktionsfunktion (Quelle: MAIER et al. 2006, S. 57 Abb. 4.1)

In Abbildung 1 werden zwei Eigenschaften dieser Funktion deutlich: konstante Skalenerträge und ein positiver, aber abnehmender Grenzertrag. Die erste Eigenschaft ergibt sich bei einer gleichmäßigen Erhöhung beider Produktionsfaktoren, die zu einem linearen Anstieg des Outputs führt (blaue Linie). Bei einer Erhöhung nur eines der beiden Faktoren kommt die zweite Eigenschaft zum Tragen: eine positive, aber abnehmende Output-Erhöhung bzw. Grenzertrag (rote Linie) (DYBE 2003, S. 26). Auf Grund der zu Beginn aufgestellten Annahme der Faktorentlohnung nach ihrem Grenzprodukt bedeutet dies, dass mit steigender Menge an eingesetzten Produktionsfaktoren deren Wert immer geringer wird. Daraus folgt, dass auch die Faktorpreise (Arbeitslohn bzw. Kapitalzins) mit steigendem Einsatz geringer werden (BATHELT/GLÜCKLER 2003, S. 68; MAIER et al. 2006, S. 56).

Die Produktionsfunktion verdeutlicht zusätzlich, dass Wachstum (gleichgestellt mit Output-Zuwachs) nur durch eine Erhöhung beider bzw. zumindest einem Produktionsfaktor generiert werden kann. Gleichermaßen würden neue Produktionstechnologien die Output-Menge erhö-hen, d.h. dass bei gleichem Einsatz von Arbeit und Kapital durch bspw. eine verbesserte Ma-schine mehr Güter produziert werden können (FRENKEL/HEMMER 1999, S. 110). In der ne-oklassischen Wachstumstheorie wird dieser Wachstumsfaktor als „technischer Fortschritt" bezeichnet. Somit wäre Wachstum in dem Grundmodell ausschließlich über die drei Faktoren Arbeit, Kapital und technischer Fortschritt möglich (DYBE 2003, S. 26; MAIER et al. 2006, S. 58).

In dem Grundmodell wird allerdings sowohl der technische Fortschritt[3] als auch der Produkti-onsfaktor Arbeit als exogen und von außerhalb des Wirtschaftssystems bestimmt angesehen. Somit kann Wachstum in diesem Modell ausschließlich über die endogene Veränderung des Kapitalstocks erfolgen. Daher steht im Grundmodell der Prozess der Kapitalakkumulation im Vordergrund (MAIER et al. 2006, S. 61).

Für eine Erhöhung des Kapitalstocks muss die Wirtschaft eigene Investitionen tätigen. Diese müssen allerdings zunächst selbst produziert n und dürfen im Anschluss nicht konsumiert, sondern müssen gespart werden (SOLOW 1956, S. 56). In einer weiteren Annahme wird von einer konstanten Sparquote (s) ausgegangen (CHRISTIAANS 2004, S. 109), d.h. ein fixer Pro-zentsatz der Produktionsmenge wird gespart. Jedoch kann nicht der gesamte Sparbetrag für die Erhöhung des Kapitalstocks aufgewendet werden, da der bestehende Kapitalstock teilwei-se erneuert bzw. unterhalten werden muss. Dafür müssen so genannte Ersatzinvestitionen ge-tätigt werden. Wiederum wird für diese eine konstante Rate (δ) angenommen, welche pro Periode ersetzt werden muss. Somit ergibt sich für die Nettoinvestitionen folgende Gleichung (BRÖCKER 1994, S. 32):

$$(2) \qquad\qquad I = sY - \delta K.$$

Die Nettoinvestition (I) zur Erhöhung des Kapitalstocks ergibt sich aus dem gesparten Teil der Produktionsmenge (sY) abzüglich der Menge, welche für die Ersatzinvestitionen (δK) verwendet wird. Wird der Kapitalstock erhöht, steigt der Bedarf an Erstinvestitionen kontinu-ierlich an, im Gegensatz zur Sparmenge, die auf Grund der Eigenschaft der Produktionsfunk-tion (positiver, aber abnehmender Anstieg) mit steigendem Kapitalstock immer weniger stark steigt (MAIER et al. 2006, S. 59) (vgl. Abb. 2).

---

[3] Maier et al. erklärt, dass der technische Fortschritt „wie Manna vom Himmel fällt" (MAIER et al. 2006, S. 57).

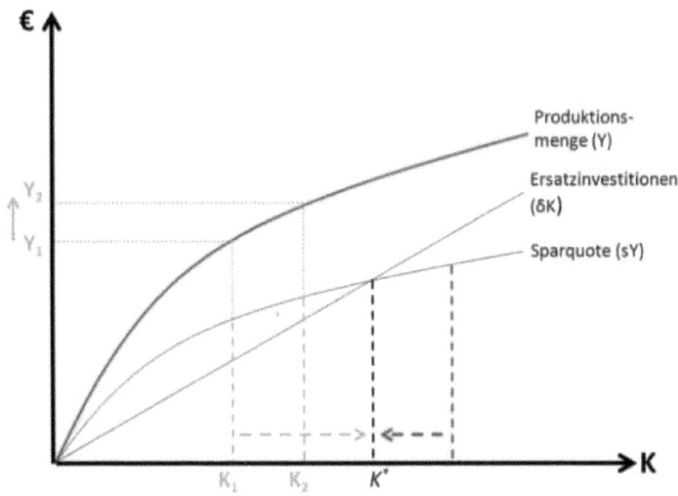

Abbildung 2: Das Grundmodell nach Solow (Quelle: MAIER et al. 2006, S. 59 Abb. 4.2)

Das hat zur Folge, dass bei einer bestimmten Kapitalmenge ein Punkt erreicht wird, an dem der Bedarf an Erstinvestitionen genau der Menge an Gespartem entspricht und somit keine weitere Erhöhung des Kapitalstocks möglich ist. Hierbei handelt es sich um ein Gleichgewichtspunkt, bei dem theoretisch unter ceteris paribus kein weiteres Wachstum möglich ist (MAIER et al. 2006, S. 58f). Aus diesem Grund wird er auch als das „Dilemma der Neoklassik" bezeichnet. Gibt es Abweichungen von diesem Gleichgewichtspunkt kommt es durch die getroffenen Annahmen und dem daraus folgendem Mechanismus automatisch wieder zum Ausgleich. Ein niedriger Kapitalstock führt zu dem beschriebenen Prozess der Kapitalakkumulation, eine höherer Kapitalbestand hat zur Folge, dass der bestehende Kapitalstock nicht vollständig durch Erstinvestitionen erhalten werden kann, wodurch es zu dessen Abnahme kommt (BRÖCKER 1994, S. 33; CZERNOMORIEZ 2009, S. 45). Darüber hinaus wird in dem Grundmodell auch deutlich, dass der Ausgleichmechanismus umso stärker verläuft, je niedriger der Kapitalstock ist (MAIER et al. 2006, S. 60f). In Abbildung 3 wird dieser Zusammenhang zur besseren Verdeutlichung graphisch dargestellt.

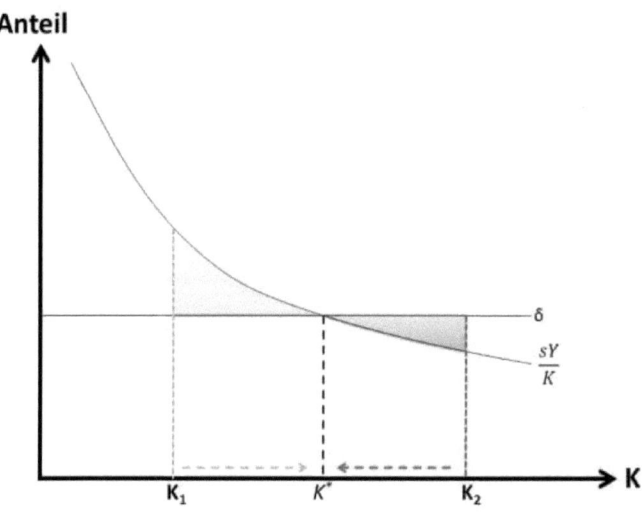

Abbildung 3: Ersatzinvestitionen und Sparquote (Quelle: Maier et al. 2006, S. 59 Abb. 4.2)

In der Abszisse wird die Höhe des Kapitalbestandes dargestellt, die Ordinate spiegelt die Anteile der Sparquote und der Ersatzinvestitionen vom Kapitalbestand in Prozent wieder. Die Kurve $\frac{sY}{K}$ zeigt, um wie viel Prozent der Kapitalstock bei dem jeweiligen Bestand an Kapital erhöht werden kann. Durch die beschriebene Verbindung zur Produktionsmenge wird dieser Anteil kontinuierlich kleiner, der Bedarf an Erstinvestitionen (δ) jedoch nicht. Der Vorteil dieser Darstellung liegt darin, dass sich die Wachstumsraten sehr leicht ablesen lassen. Es sind die Vertikalen zwischen den beiden Kurven. Links vom Gleichgewichtspunkt (K^*) ist diese positiv, sodass der Kapitalstock wächst, rechts von Punkt K^* sind es negative Raten, der Kapitalstock verringert sich (MAIER et al. 2006, S. 61).

Der beschriebene Mechanismus belegt den Konvergenzgedanken der Neoklassik. Jedoch verdeutlicht er auch, dass ein dauerhafter Wachstumsprozess nur durch eine kontinuierliche Technologieverbesserung möglich ist (ebd.).

Auf Grund der Tatsache, dass es sich im Grundmodell um eine geschlossene Region handelt, fehlt hier der regionale Bezug. Erst die Erweiterungen in den Zwei-Regionen-Modellen erlauben regionale Entwicklungsunterschiede theoretisch zu erklären.

1.2 Das Zwei-Regionen-Modell

Die Zwei-Regionen-Modelle zur Erklärung regionaler Entwicklungsunterschiede basieren auf den Strukturen des vorgestellten neoklassischen Ein-Regionen-Modell. Auf Grund der formalen Struktur des Zwei-Regionen-Modelles erlaubt es im Gegensatz zu anderen regionalen Entwicklungstheorien auch komplexere theoretische Zusammenhänge zu analysieren (MAIER et al. 2006, S. 55). Bei der Interpretation des Grundmodells auf zwei Regionen basiert der Konvergenzmechanismus auf zwei weiteren Annahmen: zum einen die Faktormobilität und zum anderen die Gütermobilität (ebd., S. 62). Im Folgenden werden die beiden Modellvarianten vorgestellt.

1.2.1 Wachstumsausgleich durch Faktorwanderung

In dem Zwei-Regionen-Modell mit Faktorwanderung wird der neoklassische Ausgleichsprozess über den Austausch von Produktionsfaktoren erklärt. Hierfür werden zusätzlich zu den Grundannahmen weitere Vereinfachungen getroffen. Der aus regionalökonomischer Sicht wohl wichtigste Punkt ist, dass nun von keiner einzelnen, geschlossenen Region ausgegangen wird, sondern zwei identische Regionen vorliegen. Beide Regionen stellen dieselben Güter unter gleichen technischen Voraussetzungen her. Die zentrale Annahme betrifft jedoch die freie Mobilität beider Produktionsfaktoren (BATHELT/GLÜCKLER 2003, S. 68; KULKE 2009, S. 277).

Der Ausgangspunkt des Modells ist das Bestehen eines Unterschiedes hinsichtlich der regionalen Ausstattung mit Produktionsfaktoren, hervorgerufen durch eine unbekannte exogene Störung, d.h. dass in einer regionalen Einheit, bezeichnet als Region 1, ein höherer Bestand an Arbeitskräften und in einer zweiten Einheit, die als Region 2 bezeichnet wird, ein höherer Kapitalbestand vorliegt (BATHELT/GLÜCKLER 2003, S. 68; KULKE 2009, S. 278). Infolgedessen liegt in Region 1 ein geringerer Lohnsatz als in Region 2 vor, analog dazu ist der Kapitalzins in Region 2 deutlich niedriger als in Region 1. Dies ist die logische Folge der zu Beginn aufgestellten Annahmen, dass die Produktionsfaktoren nach ihrem Grenzprodukt entlohnt werden und der Grenzertrag abnimmt, wodurch der Lohn- bzw. der Zinssatz mit steigendem Faktorbestand immer geringer wird. Gemäß den Annahmen der Neoklassik führen diese Faktorpreisunterschiede dazu, dass die Produktionsfaktoren dorthin verlagert werden, wo sie einen höheren Nutzen stiften können (BRÖCKER 1994, S. 34). Somit werden Arbeitskräfte aus der Region 2 in die Region 1 wandern, da dort ein höheres Lohnniveau herrscht. Parallel dazu wird Kapital aus der Region 1 in die Region 2 verschoben, da dort auf Grund eines höheren Kapitalzins der Gewinn maximiert werden kann (vgl. Abb. 4). Dieser Prozess verläuft solange bis die Disparitäten bezüglich der Faktorausstattung ausgeglichen sind, wodurch es gleichermaßen zu einer Angleichung der regionalen Faktorpreise kommt (BATHELT/GLÜCKLER 2003, S. 68; DYBE 2003, S. 98f; HAAS/NEUMAIR 2008, S. 60; KULKE 2009, S. 277; MAIER et al. 2006, S. 62f). Der Ausgleichsprozess durch Faktorwanderung verläuft parallel zu dem Prozess der Kapitalakkumulation. In der kapitalärmeren Region 2 verstärkt dieser regionsinterne Prozess den Kapitalzustrom zusätzlich, im Gegensatz zur Region 1, welche einen hohen Kapitalbestand hat und der Kapitalzustrom gebremst wird (MAIER et al. 2006, S. 65).

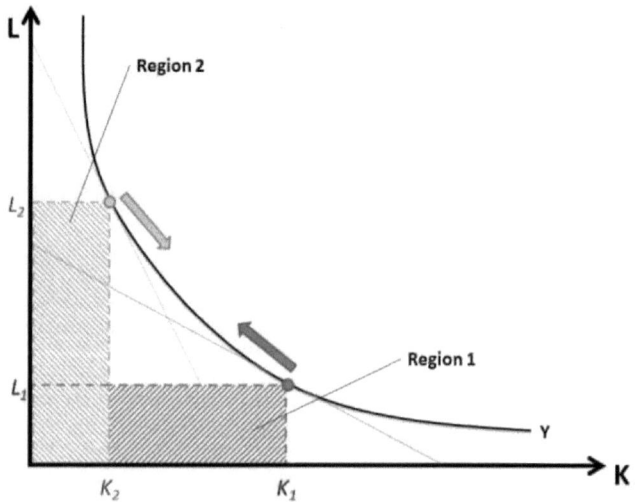

Abbildung 4: Ausgleichsprozess durch interregionale Faktorwanderung (Quelle: eigene Darstellung nach MAIER et al. 2006, S. 63 Abb. 4.4)

1.2.2 Wachstumsausgleich durch interregionalen Handel

In einer zweiten Modellvariante des Zwei-Regionen-Modells basiert der Wachstumsausgleich zwischen Regionen auf der Annahme des interregionalen Handels. Diesbezüglich wird nun den Produktionsgütern eine vollständige Mobilität unterstellt (HAAS/NEUMAIR 2008, S. 60;

MAIER et al. 2006, S. 65). Wie im Modell der Faktorwanderung liegt in den zwei Regionen ein unterschiedlicher Bestand an Produktionsfaktoren vor. Zusätzlich wird angenommen, dass zwei verschiedene Güterarten produziert werden, die sich bezüglich der Nutzungsintensität der Produktionsfaktoren im Produktionsprozess unterscheiden: ein kapitalintensives Gut und ein arbeitsintensives Gut (BATHELT/GLÜCKLER 2003, S. 68).

Die unterschiedliche Ausstattung mit Produktionsfaktoren führt dazu, dass die Regionen, je nachdem welcher Produktionsfaktor reichlicher vorhanden und somit preiswerter ist, das entsprechende Gut billiger produzieren können. Es kommt zu einer Spezialisierung auf die Produktion des „billigeren" Gutes, d.h. die Region, welche mehr Arbeitskräfte zur Verfügung hat, wird sich auf das arbeitsintensive Gut spezialisieren, analog dazu die Region mit einer höheren Kapitalausstattung auf die Produktion des kapitalintensiven Gutes (BATHELT/GLÜCKLER 2003, S. 68; MAIER et al. 2006, S. 67). Die Unterschiede hinsichtlich der Faktorausstattung führen in diesem Modell nicht zum Ausgleich der Faktorbestände, sondern es fördert die Herausbildung unterschiedliche Produktionsstrukturen. Es stellt sich die Frage, wie es dennoch zu einem Ausgleichsprozess kommen kann?

Durch die Fokussierung einer Region auf das Gut, für dessen Produktion es besser ausgestattet ist, wird der entsprechende Faktor intensiver genutzt. Die Nachfrage nach beiden Gütern ist in den beiden Regionen identisch. Durch die Annahme des interregionalen Handels muss eine Region das jeweils spezialisierte Gut daher für beide Regionen produzieren. Es müssen zusätzliche Produktionsfaktoren eingesetzt werden, was aber durch die Immobilität der Faktoren nur durch eine intensivere Nutzung der vorhandenen Produktionsfaktoren möglich ist. Der eigentlich preiswertere Produktionsfaktor wird dadurch im Vergleich zum anderen, weniger intensiv genutztem Produktionsfaktor, teurer, d.h. das jener Region, in der Arbeit ausreichend vorhanden ist, mit einer Spezialisierung auf das arbeitsintensive Gut der Faktorpreis von Arbeit im Verhältnis zum Kapital immer teurer wird. Analoges gilt für die kapitalreiche Region, in der der Preis für Kapital in Relation zur Arbeit immer teurer wird (BATHELT/GLÜCKLER 2003, S. 68). Dieser Prozess endet, wenn die Faktorpreise übereinstimmen. Somit kommt es auch ohne Faktorwanderung und einer weiterhin bestehenden Divergenz hinsichtlich der regionalen Produktionsfaktorenausstattung zur Konvergenz der beiden Regionen über die Angleichung der Faktor- und Güterpreise in Folge interregionaler Handelsströme (MAIER et al. 2006, S. 68; HAAS/NEUMAIR 2008, S. 60).

1.3 Kritik und Fazit

Nach dem Grundverständnis der Neoklassik müssten regionale wirtschaftliche Unterschiede längerfristig durch den beschriebenen Ausgleichsmechanismus eliminiert werden. In der Realität lassen sich aber regionale Entwicklungsunterschiede, vor allem zwischen Verdichtungsräumen und der Peripherie ausmachen, die sich als sehr beständig erweisen bzw. sich tendenziell sogar noch verschärfen. Außerdem wirken eine Vielzahl an natürlichen und institutionellen Barrieren, welche die Faktor- und Gütermobilität einschränken oder gar verhindern (BATHELT/GLÜCKLER 2003, S. 69; HASS/NEUMAIR 2008, S. 60). Ein theoretisches Modell kann die Realität nie genau abbilden und muss daher über spezifische Annahmen die Komplexität der realen Welt reduzieren. Allerdings sind diese Vereinfachungen häufig die Ansatzpunkte kritischer Aussagen. Im Falle der Neoklassik lassen sich eine ganze Reihe dieser Kritikpunkte identifizieren. Im Folgenden sollen die Hauptkritikpunkte dargestellt werden.

Zum einen besteht die höchst unrealistische Annahme der vollständigen Information aller Akteure. Es wird davon ausgegangen, dass alle Wirtschaftssubjekte über alle wirtschaftlichen Sachverhalte, insbesondere die Preisentwicklung, perfekt Bescheid wissen. Dies beschränkt sich hinsichtlich der temporären Dimension nicht nur auf die Gegenwart, sondern auch auf die zukünftige Entwicklung. Bezüglich der räumlichen Dimension wird ebenso keine Einschränkung gemacht, wodurch diese schlussendlich gänzlich aus dem Modell verbannt wird (BATHELT/GLÜCKLER 2003, S. 69; HAAS/NEUMAIR 2008, S. 60; MAIER et al. 2006, S. 72f).

Zum anderen ist die Homogenität der Produktionsfaktoren anzuzweifeln. Es wird angenommen, dass jede Einheit Arbeit durch eine andere Einheit ersetzt werden kann, gleiches gilt für Kapital (MAIER et al. 2006, S. 72). Bezogen auf die Arbeitskräfte wird damit aber das unterschiedliche Bildungs- und Qualifikationsniveau, der Fakt, dass Entscheidungen auf dem Arbeitsmarkt bezüglich Berufswahl und Ausbildung mit teilweise sehr hohen, sowohl finanziellen, als auch sozialen Kosten verbunden sind, außer Betracht gelassen. Im Falle des Kapitals ist die Annahme ebenso kritisch anzusehen, da einmal eingesetztes Kapital nicht problemlos in einen anderen Nutzen umgewandelt werden kann (BATHELT/GLÜCKLER 2003, S. 69; HAAS/NEUMAIR 2008, S. 60).

Eine weitere problematische Annahme ist die uneingeschränkte Mobilität der Produktionsfaktoren bzw. der Produktionsgüter. In der Realität fallen für die Überwindung von Entfernungen erhebliche Kosten an. Durch die Annahmen verliert der Raum diese Eigenschaft, wodurch wiederum die räumliche Dimension aus dem Modell eliminiert wird. Die neoklassische regionale Wachstumstheorie als eine Theorie zur Raumentwicklung verliert dadurch seinen räumlichen Bezug, wodurch ein „[...] einzigartiges Phänomen [einer] [...] Regionalentwicklungstheorie ohne räumliche Dimension [...]" entsteht (MAIER et al. 2006, S. 72).

Der Hauptkritikpunkt, vor allem aus innovationstheoretischer Sicht, ist aber die exogene Betrachtung des technischen Fortschritts (BATHELT/GLÜCKLER 2003, S. 69; HAAS/NEUMAIR 2008, S. 60; KOSCHATZKY 2001, S. 64). Das Modell macht eines deutlich: Dauerhafte Wachstumsprozesse sind nur durch technischen Fortschritt möglich. Dieser führt zu einer Erhöhung des Outputs und somit zu einem Anstieg der Sparquote. Finden kontinuierlich technische Verbesserungen statt, kann der „Konvergenzpunkt der Neoklassik" dauerhaft umgangen werden (MAIER et al. 2006, S. 61) (vgl. Abb. 5).

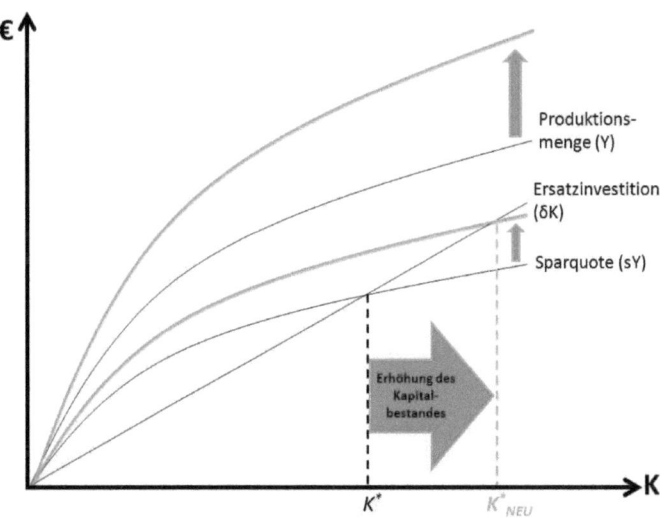

Abbildung 5: Auswirkungen technischen Fortschritts auf die Produktion
(Quelle: eigene Darstellung)

Das Problem bei der Integration des technischen Fortschritts in die neoklassische Modellstruktur besteht darin, dass es teilweise die Eigenschaften eines öffentlichen Gutes hat. Neue Technologien drücken sich häufig in ihren Endprodukten aus und sind somit für alle Unternehmen sofort nutzbar (nicht-rivalisierende Nutzung), ohne dass diese Kosten für dessen Entwicklung aufbringen müssen. Darüber hinaus kann der Entwickler die gleichzeitige Nutzung seiner Erfindung durch andere Unternehmen nicht verhindern (Nicht-Ausschließbarkeit) (FRENKEL/HEMMER 1999, S. 240). Daraus folgt, dass neue Technologien stark von externen

Effekten geprägt sind. Dies ist den Entwicklern neuer Technologien bekannt, wodurch sie weniger Ressourcen für den Innovationsprozess aufbringen bzw. im Extremfall, in dem der Fremdnutzen so groß ist, dass die Entwicklung neuer Technologien vollständig unterbleibt. Diese externen Effekte werden in der Neoklassik durch verschiedenste Annahmen aus dem Modell ausgeschlossen (MAIER et al. 2006, S. 95). Somit kann die neoklassische Wachstumstheorie den Wachstumsprozess durch technischen Fortschritt nicht erklären (CZERNOMORIEZ 2009, S. 52).

Trotz der beschriebenen Kritikpunkte, die sich vorwiegend auf die Vereinfachungen des Modells beziehen, hat die neoklassische Theorie einen hohen Stellenwert im wissenschaftlichen Mainstream und in der Wirtschaftspolitik. Maier et al. bezeichnen die Theorie gar als „[...] ein faszinierendes Gedankengebäude mit einer klaren Struktur und mit einem hohem Maß an logischer Konsistenz" (MAIER et al. 2006, S. 71), wodurch im Vergleich zu anderen Regionalentwicklungstheorien Analysen komplexer theoretischer Zusammenhänge möglich sind. Auch wenn das neoklassische Wachstumsmodell das langfristige Wachstum nicht erklären kann, macht die Theorie deutlich, welche Faktoren für den Entwicklungsprozess ausschlaggebend sind. Die Empfehlung an die Wirtschaftspolitik ist auf Grund der Annahme der ausgleichenden Wirkung des Marktmechanismus „[...] eine Aufforderung zu regionalpolitischer Abstinenz" (BRÖCKER 1994, S. 35). Eingriffe von Seiten der Wirtschaftspolitik können den Konvergenzprozess blockieren oder gar zu einer Verschärfung der regionalen Disparitäten führen. Die wirtschaftspolitischen Akteure sind lediglich dafür verantwortlich, bestmögliche Voraussetzungen zur Einhaltung der neoklassischen Annahmen zu schaffen. Im Speziellen bedeutet dies, die geographischen, institutionellen und bürokratischen Mobilitätshemmnisse abzubauen und die Kommunikations- und Austauschprozesse zwischen den Regionen zu fördern (MAIER et al. 2006, S. 74; KULKE 2009, S. 278).

2 Die endogene Wachstumstheorie

Die Unzufriedenheit über die restriktiven Annahmen der Neoklassik, vor allem über den Hauptkritikpunkt der Externalität technologischer Neuerungen, führte in den 80er und 90er Jahren des 20. Jahrhunderts zur Entwicklung eines neuen Forschungsfeldes (KOSCHATZKY 2001, S. 65). Zusammenfassend werden die verschiedensten Ansätze unter dem Begriff „endogene Wachstumstheorie" beschrieben, eine Nomenklatur, die bereits den Hauptunterschied zur Neoklassik andeutet: Die Ansicht, dass technischer Fortschritt innerhalb (endogen) eines Wirtschaftssystems oder –raumes entsteht (BATHELT/GLÜCKLER 2003, S. 73). Würden technische Neuerungen tatsächlich durch zufällige exogene Ereignisse entstehen, wie es die Neoklassik „prophezeit", wäre dies eine vertretbare Vereinfachung. In der Realität wenden Unternehmen und Staat allerdings erhebliche finanzielle Mittel auf, um neue Technologie zu entwickeln (MAIER et al. 2006, S. 94f).

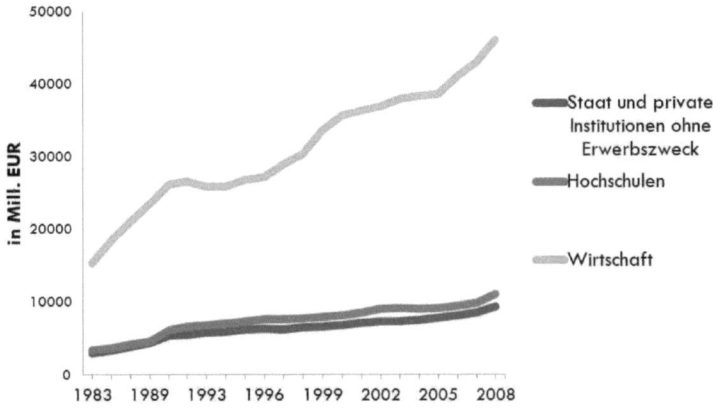

Abbildung 6: Ausgabenentwicklung der Sektoren im F&E-Bereich 1983-2008 (Quelle: eigene Darstellung nach Daten des Statistischen Bundesamtes)

Bei der Betrachtung der Ausgaben im Bereich „Forschung und Entwicklung" in Deutschland im Zeitraum von 1983 bis 2008 stechen zwei Aspekte hervor: zum einen der deutlich zunehmende Trend in die Forschung zu investieren und zum zweiten die beachtlichen Summe. Im Jahr 2008 hat die deutsche Wirtschaft insgesamt rund 50 Milliarden Euro in den F&E-Bereich investiert (STATISTISCHES BUNDESAMT 2010, o. S.) (vgl. Abb. 6). Diesen Fakt beziehen die Ansätze der endogenen Wachstumstheorie in ihre Überlegungen mit ein. Allerdings werden dafür nicht völlig neue theoretische Strukturen entwickelt. Es handelt sich vielmehr um Ansätze, die die Struktur der neoklassischen Wachstumstheorie verwenden, aber „[...] die ursprünglichen Argumente der Neoklassik neu formulieren" (MAIER et al. 2006, S. 96).

2.1 Ansätze der endogenen Wachstumstheorie

Einer der Protagonisten dieser Theorieströmung ist der Amerikaner Paul M. Romer, der mit mehreren Arbeiten zur Popularität dieser Ansätze beigetragen hat. Seit Beginn der Debatte um die Integration bzw. die Bedeutung von Innovation für den Wachstumsprozess haben sich unter dem Oberbegriff „endogene Wachstumstheorien" eine Vielzahl von Ansätzen entwickelt. Einen Überblick stellen Frenkel und Hemmer in ihrem Werk „Grundlagen der Wachstumstheorie" vor (vgl. Abb. 7). Grundlegend wird zwischen Ansätzen mit konstantem und mit variablem Technologieparameter unterschieden. Im Folgenden wird jeweils ein Ansatz aus den Untergruppen der endogenen Wachstumstheorie vorgestellt (FRENKEL/HEMMER 1999, S. 177).

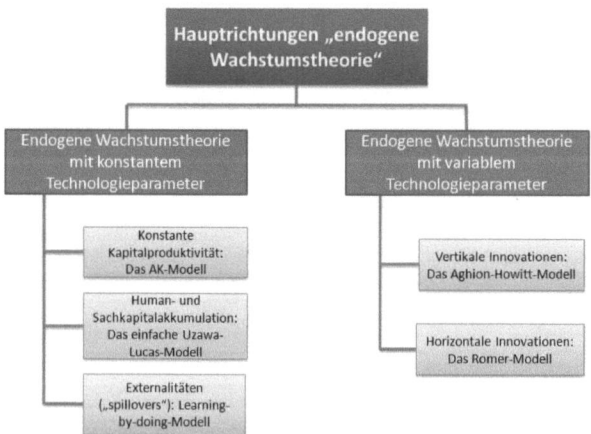

Abbildung 7: Übersicht der Hauptrichtungen der endogenen Wachstumstheorie
(Quelle: FRENKEL/HEMMER 1999, S. 177 Abb. 7-1)

2.1.1 Das Externalitätenmodell

Romer hat in einem ersten Ansatz im Jahr 1986 den technischen Fortschritt durch einen zusätzlichen Produktionsfaktor in die formale Struktur der Neoklassik integriert. Im sogenannten Externalitätenmodell bzw. „learning-by-doing"-Modell wird der neue Faktor als Humankapital (H) definiert (BRÖCKER 1994, S. 38). Alle drei Produktionsfaktoren weisen gemäß der neoklassischen Annahme bezüglich der Produktionsfunktion konstante Skalenerträge auf, d.h. dass sich bei einer Verdopplung des Inputs gleichermaßen die Produktionsmenge erhöht. Durch die Entlohnung der beiden Produktionsfaktoren Arbeit und Kapital nach ihren Grenzprodukten wird der gesamte Grenzertrag von diesen beiden Faktoren vollständig verbraucht, wodurch das Humankapital nicht entlohnt werden kann (MAIER et al. 2006, S. 97; BATHELT/GLÜCKLER 2003, S. 74). Das bedeutet, dass der zusätzliche Produktionsfaktor unentgeltlich zur Verfügung gestellt werden müsste, was dazu führen würde, dass für die Unternehmen kein Anreiz zur Akkumulation von Humankapital besteht. Da in diesem Ansatz das Wachstumsargument aber auf der Erhöhung von H aufbaut, hat Romer durch eine weitere Annahme dieses Dilemma umgangen. Das Wachstum des Humankapitals wird als externer Effekt der Investition angesehen. Durch eine Erhöhung des Kapitalstocks kommt es automatisch auch zur Erhöhung des Faktors Humankapital (BATHELT/GLÜCKLER 2003, S. 74). Diese Annahme wird als „learning-by-doing"-Prozess bezeichnet, d.h. wenn eine Unternehmen seinen Kapitalstock erhöht, lernt er automatisch effizienter zu produzieren (BARRO/SALA-I-MARTIN 1998, S. 170). Eine weitere Möglichkeit besteht darin, das Humankapital als eine öffentliche Infrastruktur anzusehen, was somit vom Staat bereitgestellt bzw. finanziert wird (BRÖCKER 1994, S. 39).

Unabhängig von der Problematik wie dieses Gut bereitgestellt wird, hängt das Wachstum der Wirtschaft nun von drei Faktoren ab und drückt sich formal wie folgt aus:

$$(3) \qquad \hat{Y} = \gamma \hat{H} + \alpha \hat{K} + \beta \hat{L}$$

$\hat{Y}$ stellt die Wachstumsrate der Wirtschaft dar, die abhängig ist von $\hat{H}$ (Wachstumsraten des Humankapitals), $\hat{K}$ (Wachstumsraten des Kapitals) und $\hat{L}$ (Wachstumsraten des Arbeitseinsatzes), wobei α, β und γ die jeweiligen Beiträge der einzelnen Faktoren am Gesamtwachstum der Wirtschaft widerspiegeln. Die Zuwächse an Humankapital erhöhen auch die Produktivität der restlichen Produktionsfaktoren. Bei einem ausreichend hohen Wert von γ wird der Punkt der Neoklassik, an dem der Wachstumsprozess zum Stillstand kommt, außer Kraft gesetzt. Nach diesem Ansatz gibt es somit durch die externen Effekte auch langfristige Wachstumsprozesse, welche im Gegensatz zur Neoklassik endogen hervorgerufen werden (MAIER et al. 2006, S. 97).

Der kritischen Betrachtung vorweggenommen, steht die Nichtentlohnung des Humankapitals im Widerspruch zu den bereits dargestellten enormen Ausgaben im Bereich F&E. Neuere Ansätze versuchen daher, den Innovationsprozess deutlich detaillierter zu beschreiben, um somit die Frage zu klären, wie der technische Fortschritt tatsächlich entsteht (ebd., S. 98).

2.1.2 Das Innovationsmodell

Einen neuerer Ansatz, der sich einer genaueren Beschreibung des Innovationsprozesses zuwendet, veröffentlichte Romer in dem Aufsatz „Endogenous Technological Change" im Jahr 1990 (KOSCHATZKY 2001, S. 70). Im so genannten Innovationsmodell unterteilt er die Wirtschaft in drei verschiedene Sektoren: den Forschungssektor, den Sektor für Zwischenprodukte und den Sektor für Endprodukte (ROMER 1990, S. 79; FRENKEL/HEMMER 1999, S. 241). Ebenso differenziert Romer in diesem Modell das Gut „technischer Fortschritt" deutlich präziser. Nach seiner Definition setzt es sich aus zwei Bestandteilen zusammen: dem Humankapital und dem Wissensbestand. Das Humankapital wird hierbei als Wissen verstanden, welches an eine Person gebunden ist, wodurch nur eine rivalisierende Nutzung möglich ist. Der Wissensbestand ist der nicht-rivalisierende bzw. nicht-ausschließbare Teil des technischen Fortschritts. Dieser wird in dem Modell mit der Zahl der so genannten „Designs" ausgedrückt (ROMER 1990, S. 79). Die Designs sind Anleitungen, welche die Unternehmen des Sektors für Zwischenprodukte für die Produktion neuer Zwischenprodukte benötigen. Die Herstellung findet in dem Forschungssektor statt. Die Forscher aus dem Sektor, welche sozusagen das Humankapital innehaben, erhalten für eine neue Anleitung ein Patent, welches sie an Unternehmen des Zwischenproduktsektors verkaufen können. Durch diese Patente kommt jener Teil des technischen Fortschritts, der Eigenschaften eines öffentlichen Gutes hat, im Produktionsprozess nicht zum Tragen. Auf dem Markt für Zwischenprodukte herrscht monopolistische Konkurrenz, wodurch dem Produzent eine Monopolrente zufließt. Diese zusätzlichen Einnahmen werden für die Finanzierung der neuen Designs verwendet, wodurch das Problem der Nicht-Entlohnung des Humankapitals eliminiert wird. Die neuen Zwischenprodukte fließen anschließend als Kapital in die Produktion des Sektors für Endprodukte, auf dem wiederum vollkommene Konkurrenz herrscht (CZERNOMORIEZ 2009, S. 83f; FRENKEL/HEMMER

1999, S. 241f; KOSCHATZKY 2001, S. 71f). Aus diesem Prozess lässt sich folgende Beziehung für das Wachstum technischen Fortschritts feststellen:

(4) $$\dot{T} = \gamma H_T T$$

$\dot{T}$ ist dabei die Veränderung des technischen Fortschritts über eine Periode. Diese ist abhängig von der eingesetzten Menge an Humankapital (H_T) und dem Bestand an technischem Wissen (T), wobei der Skalierungsfaktor (γ) den Anteil des Humankapitals am Gesamtwachstum beschreibt (MAIER et al. 2006, S. 98f). Der ausschlaggebende Zusammenhang in dieser Beziehung besteht darin, dass die Bestandshöhe des technischen Wissens die Produktivität des Forschungssektors positiv beeinflusst: Je höher der Bestand an technischem Wissen ist, desto produktiver wird das im Forschungssektor eingesetzte Humankapital. Dieser Effekt wird auch als so genannter „spillover"-Effekt bezeichnet (BARRO/SALA-I-MARTIN 1998, S. 264). Dies begründet sich darin, dass im Gegensatz zu den klassischen Produktionsfaktoren, von denen zuerst die produktivsten eingesetzt werden, nicht erst die produktivsten Erfindungen gemacht werden, sondern eine neue Erfindung auf den Erfahrungen früherer Erfindungen aufbaut (BATHELT/GLÜCKLER 2003, S. 74).

Schlussendlich ist es die Akkumulation von technologischem Wissen, welche in diesem Ansatz den Wachstumsmotor der Wirtschaft darstellt (MAIER et al. 2006, S. 99).

2.2 Kritik und Fazit

Die Endogene Wachstumstheorie hat durch die verschiedenen Facetten der Einbeziehung von technischem Wissen in eine formale Struktur neue Ansichten hinsichtlich wirtschaftlicher Entwicklung hervorgebracht. In Bezug auf die beiden vorgestellten Ansätze ist allerdings kritisch anzumerken, dass im ersten Ansatz vor allem die Nichtentlohnung des Humankapitals problematisch ist, da sie den empirischen Befunden erheblich widerspricht. Im Innovationsmodell ist die entscheidende Einschränkung, dass keine Veraltung der Technologie in Betracht gezogen wird (FRENKEL/HEMMER 1999, S. 261). Da die Ansätze auf einem neoklassischen Fundament basieren, übertragen sich die im ersten Abschnitt beschrieben Kritikpunkte der Neoklassik teilweise auf die endogene Wachstumstheorie (DYBE 2003, S. 25).

Durch die Tatsache, dass die Ansätze die wichtigsten Aspekte der neoklassischen Theorie übernehmen, „kann [die endogene Wachstumstheorie] durchaus als neoklassisch bezeichnet werden [...]" (BRÖCKER 1994, S. 30). Die wichtigsten Unterschiede zum neoklassischen Modell sind das Vorhandensein von externen Effekten und Monopolen, wodurch sich suboptimale Marktzustände einstellen. Entwicklungsunterschiede werden nun nicht mehr automatisch ausgeglichen (MAIER et al. 2006, S. 99) und somit sind in den neuen Ansätzen sowohl konvergente als auch divergente Entwicklungen möglich. Die Kernaussage endogener Ansätze liegt darin, dass es ein Ende des „Gleichgewichtsgedanken der Neoklassik" geben muss (ebd., S. 104), denn die eingeschlagenen Entwicklungspfade weichen deutlich von den gesellschaftlich optimalsten ab (BATHELT/GLÜCKLER 2003, S. 74). Allerdings liegt der Fokus der Ansätze auch weniger auf der Erklärung regionalen Wachstums, sondern vielmehr auf einem der Hauptkritikpunkte des neoklassischen Modells, der Integration technischen Fortschritts in ein formales Modellgebäude.

Abschließend ist festzuhalten, dass es sich bei der endogenen Wachstumstheorie noch nicht um einen etablierten Bereich in Wissenschaft und Politik handelt, auch auf Grund der Heterogenität der unterschiedlichen Ansätze (BATHELT/GLÜCKLER 2003, S. 74; MAIER et al. 2006, S. 102). Es besteht eine Vielzahl von Ansätzen, die sich in ihren Annahmen und Ergebnissen teilweise sehr stark differieren, wobei der entscheidende gemeinsame Unterschied zur neoklassischen Theorie in der endogenen Erklärung des Innovationsprozesses liegt (FRENKEL/HEMMER 1999, S. 176). Durch die Vielzahl an möglichen Entwicklungspfaden wird die Klärung der Wachstumsfrage im Grunde an die Empirie weitergeleitet[4] (MAIER et al. 2006, S. 101).

---

[4]Arbeiten u.a. von Barro und Sala-i-Martin (1991) sowie Tondl (2001) untersuchten die Frage, ob Regionen mit einem deutlich niedriger Einkommen als im langfristigen Gleichgewichtszustand, schneller wachsen. Im Resultat konnte ein statistischer Zusammenhang nachgewiesen werden (MAIER et al. 2006, S. 101f).

3 Zusammenfassung

Zusammenfassend lässt sich festhalten, dass es sich bei der neoklassischen Wachstumstheorie um eines der zentralen Modelle zur Erklärung langfristigen Wachstums handelt. Seine „Beliebtheit" ergibt sich aus der klaren Struktur und der Beschränkung auf die wesentlichen Faktoren des Entwicklungsprozesses. Allgemein handelt es sich bei der Neoklassik um eine Konvergenztheorie. Über eine Reihe von Annahmen beschränkt sich der Prozess zum Erreichen einer Konvergenz ausschließlich auf den Prozess der Kapitalakkumulation. Das Grundmodell von Solow aus dem Jahr 1956 ist allerdings auf Grund der Betrachtung nur einer geschlossenen Region für die Regionalökonomik nicht anwendbar. Hierfür werden die Zwei-Regionen-Modelle aus der grundlegenden Struktur der Neoklassik in die Regionalökonomik impliziert. In diesen Modellen findet der Ausgleichsprozess zum einen über Faktormobilität und zum anderen über den interregionalen Handel statt. Kritisch anzusehen ist allerdings die externe Erklärung des technischen Fortschritts. Auf Grund von externen Effekten, welche dieser Faktor mit sich bringt, muss er aus der Modellstruktur über spezifische Annahmen eliminiert werden. Da technischer Fortschritt den einzigen Faktor darstellt, der ein kontinuierliches Wachstum generiert, kann die neoklassische Wachstumstheorie schlussendlich das langfristige Wachstum nicht erklären.

Aus dieser Kritik entwickelten sich die Ansätze der Endogenen Wachstumstheorie. Allerdings handelt es sich bei diesen noch jungen Konzeptionen um kein geschlossenes Theoriegebäude. Ebenso betrachten sie nicht die regionalen Wachstumsunterschiede bzw. bieten keine Erklärungsansätze, wie ein Ausgleich stattfinden kann. Vielmehr liegt der Fokus auf der Einbeziehung des technischen Fortschritts in die Theoriestruktur der Neoklassik. Einer der Hauptakteure in diesem Forschungsfeld ist Paul Romer, dessen Externalitätenmodell 1986 den Innovationsaspekt durch einen zusätzlichen Produktionsfaktor, das Humankapital, in die formale Struktur der Neoklassik integriert. Allerdings tritt das Problem der Nicht-Entlohnung des neuen Faktors auf. Diesem Problem widmet sich Romer in einem weiteren Ansatz, dem Innovationsmodell aus dem Jahr 1990, in dem er den Innovationsprozess deutlich detaillierter betrachtet. Als Lösungsansatz unterteilt er die Wirtschaft in mehrere Sektoren, in denen unterschiedliche Marktkonkurrenzen herrschen. Der monopolistische Sektor für Zwischenprodukte kann somit durch die Monopolrente den zusätzlichen Faktor entlohnen.

Der Hauptunterschied der beiden Ansätze liegt darin, dass die neoklassische Theorie eine klare Konvergenzaussage macht, während in den endogenen Ansätzen auch eine divergente Entwicklung möglich ist.

Literatur

BARRO, R. J./ SALA-I-MARTIN, X. (1998): Wirtschaftswachstum. München, Wien.

BATHELT, H./ GLÜCKLER, J. (2003): Wirtschaftsgeographie. Stuttgart.

BRÖCKER, J. (1994): Die Lehren der neuen Wachstumstheorie für die Raumentwicklung und die Regionalpolitik. In: Blien, U./ Hermann, H./ Koller, M. [Hrsg.], Regionalentwicklung und regionale Arbeitsmarktpolitik. Konzepte zur Lösung regionaler Arbeitsmarktprobleme?. Beiträge zur Arbeitsmarkt- und Berufsforschung, 184. Nürnberg. S. 29-50.

CHRISTIAANS, T. (2004): Neoklassische Wachstumstheorie. Darstellung, Kritik und Erweiterung. Norderstedt.

CZERNOMORIEZ, J. (2009): Internationale Wanderungen und Humankapital und wirtschaftliches Wachstum. Berlin.

DYBE, G. (2002): Regionaler wirtschaftlicher Wandel. Die Sicht der evolutorischen Ökonomie und der „Neuen Wachstumstheorie". Münster, Hamburg, London.

FRENKEL, M./ HEMMER, H.-R. (1999): Grundlagen der Wachstumstheorie. Vahlens Handbücher der Wirtschafts- und Sozialwissenschaften. München.

HAAS, H.-D./ NEUMAIR, S.-H. (2008): Wirtschaftsgeographie. Darmstadt.

KOSCHATZKY, K. (2001): Räumliche Aspekte im Innovationsprozess. Ein Beitrag zur neuen Wirtschaftsgeographie aus Sicht der regionalen Innovationsforschung. Münster, Hamburg, London.

KULKE, E. (2009): Wirtschaftsgeographie. Paderborn, München, Wien, Zürich.

MAIER, G./ TÖDTLING, F./ TRIPPL, M. (2006): Regional- und Stadtökonomik 2. Regionalentwicklung und Regionalpolitik. Wien, New York.

ROMER, P. M. (1990): Endogenous Technological Change. In: The Journal of Political Economy, Band 98, Nr. 5, Part 2. Chicago. S. 71 – 102.

SCHÄTZL, L. (2003): Wirtschaftsgeographie 1 Theorie. Paderborn, München, Wien, Zürich.

SOLOW, R. M. (1956): A Constribution to the Theory of Economic Growth. In: The Quarterly Journal of Economics, Band 70, S. 65-94.

STATISTISCHES BUNDESAMT (2010): Ausgaben für Forschung und Entwicklung nach Sektoren (http://www.destatis.de/jetspeed/portal/cms/Sites/destatis/Internet/DE/Content/Statistiken/Bil dungForschungKul-
tur/ForschungEntwicklung/Tabellen/Content75/ForschungEntwicklungSektoren,templateId=r enderPrint.psml letzter Login: 08.07.2010).